全員出動！捕捉風獸因因呼

看身懷絕技的團隊
建造台灣第一座離岸風場

顏 樞 / 文

Croter / 圖

傳說中，有一隻力量非常強大的風獸，牠沒有形體，看不見也摸不著。當牠穿過窗戶時，會發出「因—因—」的聲音；當牠穿過山谷時，會發出「呼—呼—」的聲音。
古時候的人們叫牠「因因呼」。

因因呼怪獸檔案

力　　　量：★★★★☆
型　　　態：風
種　　　類：颱風、龍捲風、耳邊風……
平常的模樣：把媽媽晾好的衣服吹到地上、
　　　　　　把頭上的帽子吹跑、把雨傘吹到開花……

能　量　值：未知
捕　捉　法：未知

在不久的將來，石油、煤炭這些用來發電的資源，都會被人們用光光。
這時，科學家發現因因呼的「風之力」，或許是解救人類的希望。

當因因呼穿過台灣海峽時，「風之力」會被集中在這裡。

台灣海峽

台北

苗栗

台中

太平洋

高雄

於是，人們派出一支超能小隊，由拿風隊長率領，尋找傳說中的風獸因因呼，捕捉風之力。

「以上就是我召集各位的原因，這是一個非常困難的任務。」在任務營地裡，雨童、依舟、達心和雷姐圍在指揮桌旁，拿風握緊拳頭說：「我要借助各位的力量，一起捕捉神祕的風獸因因呼！」

拿風隊長
一開口就能解決關鍵問題。手上隨時提著精算公事包，它可以製作出各種設計圖。

管牠瘋狗瘋貓，用網子把咪咪嗚抓起來就好啦！

是因因呼！剛剛隊長不就說牠看不見也摸不著嗎？

我們要怎麼捕捉看不見也摸不著的風獸呢？

嗯……目前還不知道要怎麼捉住牠。

所以，首先要仔細調查牠的力量，這就是我找來雨童的原因。

雨童拍拍背上那個比他大很多，看起來很酷的吉他箱。

你第一個上場，看到因因呼別嚇到尿褲子啊！

放心，一切包在我身上。

雨童
淘氣的小男孩，頭上掛著風鏡，背著吉他箱，各種氣象觀測都難不倒他。

港口邊，超能小隊正要展開因因呼的調查任務。漁民看見熟悉的港口突然出現一群不熟悉的人，紛紛停下腳步，看看他們到底要做什麼。

「想不到我出任務有這麼多人看，太酷了！」雨童興奮的打開吉他箱。

不知道，難道是在演電視劇嗎？

這些怪模怪樣的人是誰？

去吧！
氣象塔塔！

雨童像丟棒球一樣把吉他箱裡的東西丟進海裡，那
東西「咻」的立刻變得又高又大。

原來，箱子裡裝的不是吉他，而是一個縮放自如的「氣象觀測塔」。

神祕的因因呼看不見也摸不著，只能透過「風之力」了解牠的真面目。氣象塔塔裡裝了許多法寶，能測出風之力的各種資訊。

STEAM
生活裡的科學技術・Technology
氣象塔塔
海氣象觀測術

SRE Synera Renewable Energy

我感受到因因呼的力量了！

風速計

風推著風速計上的風杯快速轉動，透過轉速可以測出風速。風速越快，代表風力也越強。高度不同，測出的風速也不同，每隔一段距離需裝設風速計。

溼度計
海上的風挾帶著大量海洋的水氣，這些水氣會影響許多機器的運作。

鹽度計
海水中充滿了鹽分，鹽分會腐蝕海裡的金屬物。

洋流計

大規模海水流動稱為「洋流」，洋流會帶動海裡的物體跟著移動。

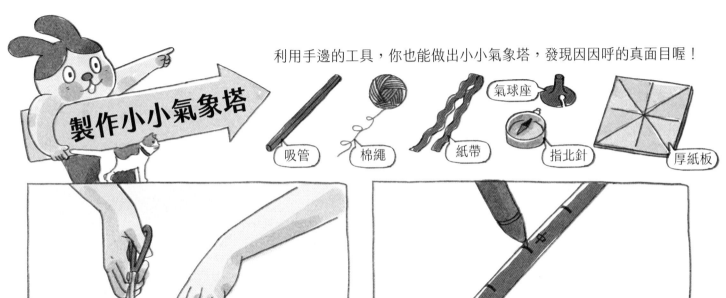

利用手邊的工具，你也能做出小小氣象塔，發現因因呼的真面目喔！

吸管　棉繩　紙帶　氣象座　指北針　厚紙板

製作小小氣象塔

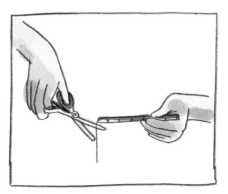

1. 將紙帶剪成與吸管相同長度。

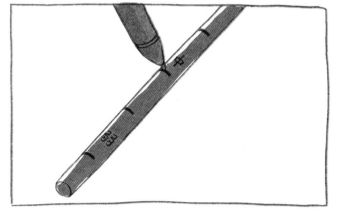

2. 並且將吸管畫分成三等分，分別寫上「強」、「中」、「弱」。

3. 將棉線穿過吸管，兩端各留 1〜2 公分。

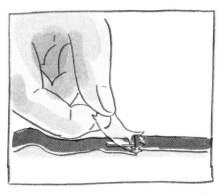

4. 一端用膠帶固定紙帶，讓紙帶能夠自由活動。

5. 另一端插入氣球底座。

6. 使用膠帶將氣球底座固定在厚紙板上，放在室外有風的地方，並用指北針調整方位，小小氣象塔就完成啦！

紙帶吹送的方向與實際風向剛好相反，紙帶吹得越高代表風力越強。

雨童就這樣，在氣象塔塔上觀測了一年。

這天，雨童回到港口，向拿風報告他的發現。「做得好。」拿風接過雨童手上的觀察紀錄。

雨童的 ~~咪咪嗚雚~~ 觀察紀錄
因因呼

☆ 高度和風速的關係（單位：公尺／秒）

高度	60公尺	50公尺	30公尺	10公尺
平均風速	7.21	7.07	6.44	6.35
最大風速	35.28	34.82	32.77	29.26

→ 我發現高度越高，風之力越強。

我發現 9 月一直到隔年的 2 月，是因因呼力量最強大的時候。

這或許是捕捉牠的好時機。

☆ 每月的平均風速（單位：公尺／秒）

1月	2月	3月	4月	5月	6月	7月	8月	9月	10月	11月	12月
10.1	7.62	7.51	7.24	6.82	8.17	8.74	7.31	7.87	9.63	11.9	9.86

狂暴型態的嗾因因呼

10

「太好了，果然和我料想的一樣。」拿風說：「接下來的幾個月，正是因因呼力量最強的時候。」

拿風一邊打開公事包，一邊想著：「平常我們看到的因因呼，有時把晾好的衣服吹到地上，或是把桌上的書吹到翻頁。而在空曠的海面上，因因呼的力量就會大大提升。」

炊粉

柿餅

「現在只需要打造一個特殊的機器……」拿風把雨童的觀察紀錄收進他的公事包裡。

計算中……正在……繪製……設計圖……

11

拿風隊長的「精算公事包」可不是普通的公事包，只要把資料放進去，經過精密計算，就可以畫出特製的設計圖。

可惜它裝不下任何東西，拿風只好再提一個籃子來裝手機和錢包。

變電站
可以穩定電力，升高電壓，把電力傳送到更遠的地方。

電纜
轉變之後的電力經由電纜輸送到陸地。

「我們必須打造一個『風之力吸收器』來捕捉因因呼的力量。」拿風攤開設計圖說。

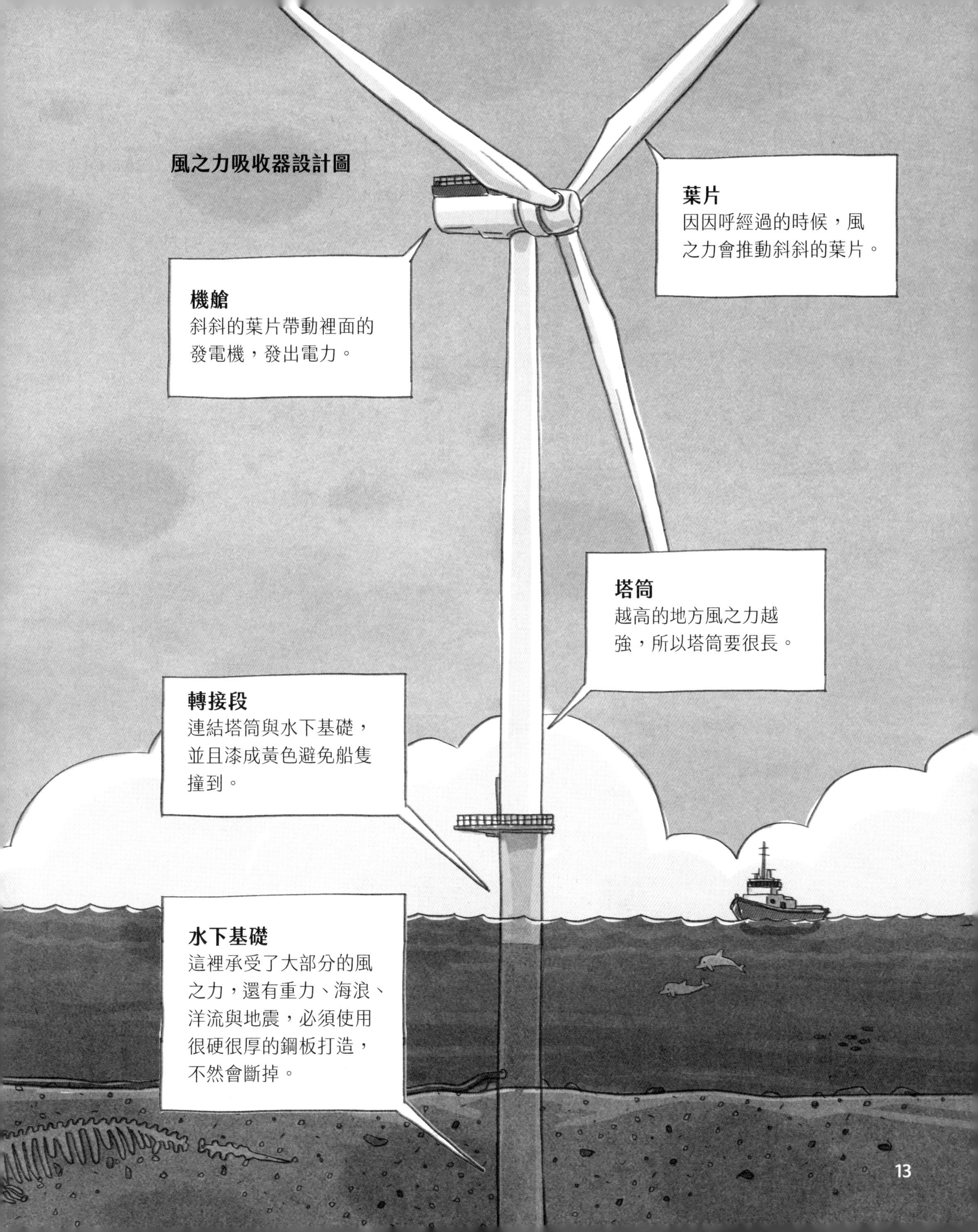

風之力吸收器設計圖

機艙
斜斜的葉片帶動裡面的
發電機，發出電力。

葉片
因因呼經過的時候，風
之力會推動斜斜的葉片。

塔筒
越高的地方風之力越
強，所以塔筒要很長。

轉接段
連結塔筒與水下基礎，
並且漆成黃色避免船隻
撞到。

水下基礎
這裡承受了大部分的風
之力，還有重力、海浪、
洋流與地震，必須使用
很硬很厚的鋼板打造，
不然會斷掉。

13

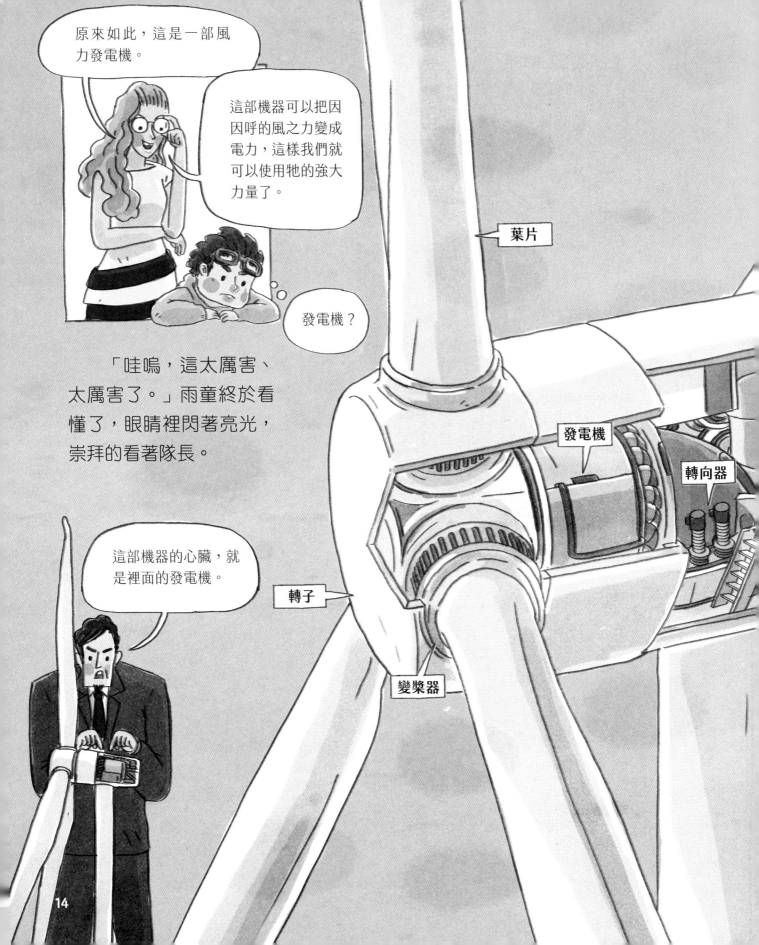

原來如此，這是一部風力發電機。

這部機器可以把因因呼的風之力變成電力，這樣我們就可以使用牠的強大力量了。

發電機？

「哇嗚，這太厲害、太厲害了。」雨童終於看懂了，眼睛裡閃著亮光，崇拜的看著隊長。

這部機器的心臟，就是裡面的發電機。

葉片

發電機

轉向器

轉子

變槳器

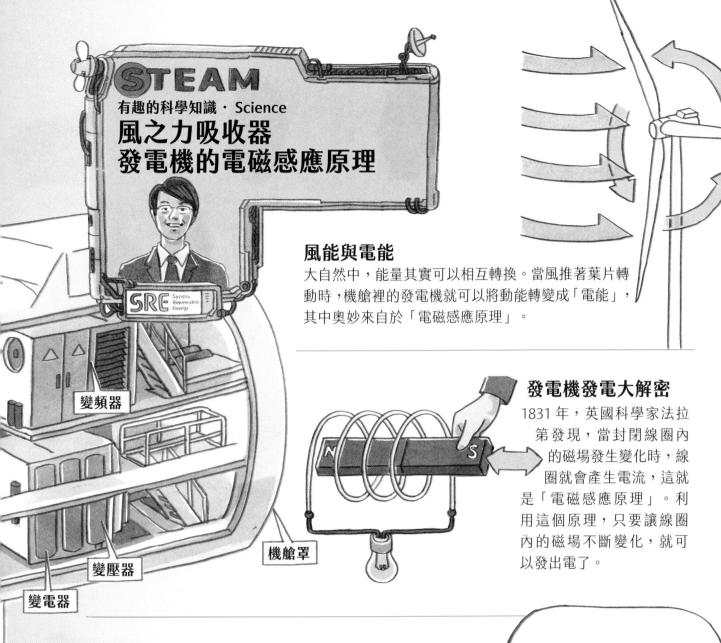

STEAM

有趣的科學知識 · Science

風之力吸收器
發電機的電磁感應原理

SRC Synera Renewable Energy

變頻器

變壓器

變電器

機艙罩

風能與電能

大自然中，能量其實可以相互轉換。當風推著葉片轉動時，機艙裡的發電機就可以將動能轉變成「電能」，其中奧妙來自於「電磁感應原理」。

發電機發電大解密

1831 年，英國科學家法拉第發現，當封閉線圈內的磁場發生變化時，線圈就會產生電流，這就是「電磁感應原理」。利用這個原理，只要讓線圈內的磁場不斷變化，就可以發出電了。

生活中有哪些發電機？

手搖式手電筒
透過齒輪將徒手轉動的動能傳遞至發電機，發出電，點亮燈炮。

汽油發電機
加入汽油，驅動引擎，再將引擎的動能輸入發電機，就可以發出電。這種發電機發出的電非常強大，甚至能滿足整個家庭使用。

接下來我們只需要把這部機器在海上組裝起來，但是有個「大」問題……

風之力吸收器的零件被大型卡車運到港口，「光是葉片就比一架噴射飛機的翅膀長，而塔筒則有三十層樓那麼高。」雨童邊說，邊抬頭想像著，偌大的巨人站在身邊是什麼樣子。

　　原本在小小的漁港裡，只有小小的漁船和小小的房子，而這些零件每個都比房子還要大，讓附近的漁民們都嚇了一跳。

這部機器也太大了吧！

難道他們要在海上蓋燈塔？

他們肯定是馬戲團，要在海上走鋼索啦！

「根據隊長的計算，吸收器越大，吸收的風之力就越多。」雷姐說：「可是，水下基礎加上塔筒就有五百輛小客車那麼重，到底該如何在海上組裝起來呀？」

約 800 公噸

500

約 1.6 公噸

雷姐看著拿風隊長，拿風隊長看向瘦小的依舟，然後大家一起看向瘦小的依舟。和那些巨大的零件比起來，依舟看起來就像一隻小松鼠。

姐姐，用那個！

沒問題，交給我！

17

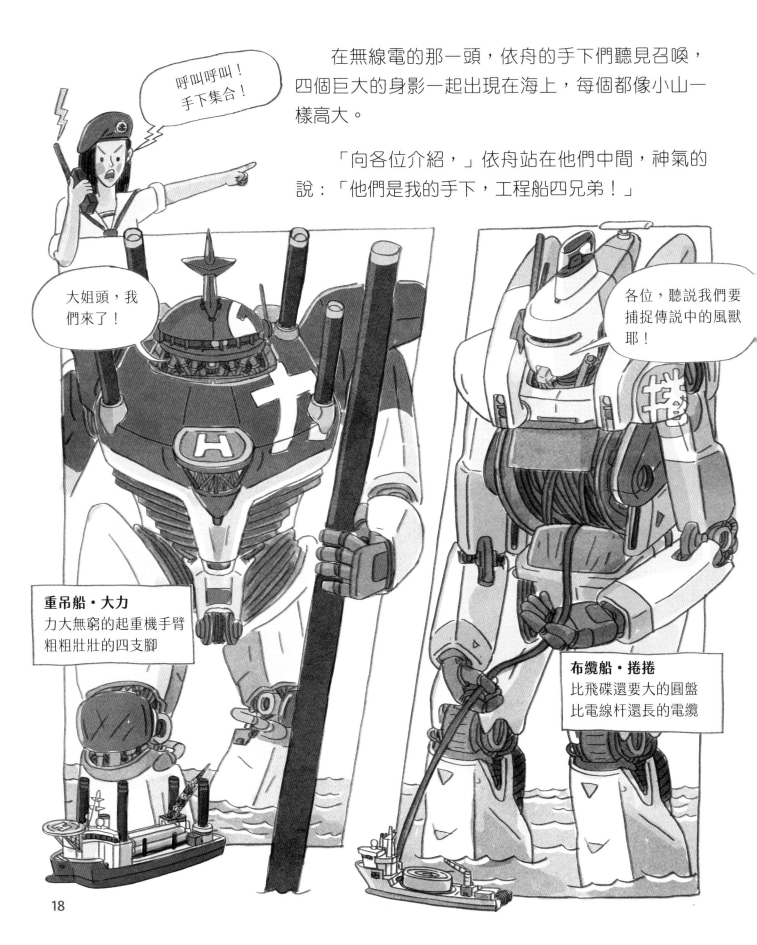

呼叫呼叫！
手下集合！

在無線電的那一頭，依舟的手下們聽見召喚，四個巨大的身影一起出現在海上，每個都像小山一樣高大。

「向各位介紹，」依舟站在他們中間，神氣的說：「他們是我的手下，工程船四兄弟！」

大姐頭，我們來了！

各位，聽説我們要捕捉傳説中的風獸耶！

重吊船・大力
力大無窮的起重機手臂
粗粗壯壯的四支腳

布纜船・捲捲
比飛碟還要大的圓盤
比電線杆還長的電纜

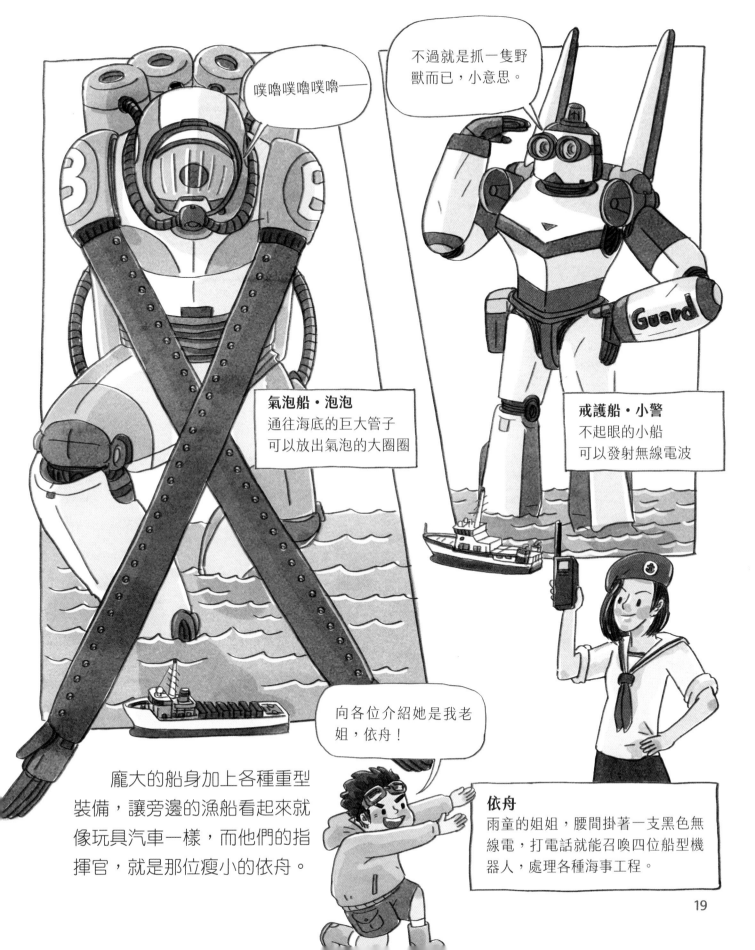

噗嚕噗嚕噗嚕——

不過就是抓一隻野獸而已，小意思。

氣泡船・泡泡
通往海底的巨大管子
可以放出氣泡的大圈圈

戒護船・小警
不起眼的小船
可以發射無線電波

向各位介紹她是我老姐，依舟！

龐大的船身加上各種重型裝備，讓旁邊的漁船看起來就像玩具汽車一樣，而他們的指揮官，就是那位瘦小的依舟。

依舟
雨童的姐姐，腰間掛著一支黑色無線電，打電話就能召喚四位船型機器人，處理各種海事工程。

工程船四兄弟
建造巨大風機的海事工程

SRE Synera Renewable Energy

布纜船

船中間有一個圓形的電纜艙，用來盤裝電纜。船頭設有導纜滑輪，可以將電纜慢慢放入海底。這些電纜連結發電機與變電站，將發出的電輸送至陸地。

鯨豚觀察船

由受過專業鯨豚觀察訓練的人員擔任觀察員，除了學者，也包含許多漁民。當他們觀察到鯨豚出現在附近時，會回報施工單位，進行相關減緩措施。

小心翼翼，把電纜拉到陸地。

戒護船

在海上的施工地點來回巡邏，當看到其他船隻接近施工區域，就會用無線電通知對方不要靠近，以免發生危險。

工地危險！請勿進入！

　　依舟的手下們是一群「海事工程船」，專門執行一些困難的海上工程任務。他們現在的任務，就是將這些巨大的零件在海上組裝起來。這個前所未有的大工程，到底該如何進行呢？

　　「大家上船！一起看看手下們的工作狀況。」依舟說。

重吊船
擁有四支基腳，撐在海底，能夠穩定船身。平台上有巨大的起重機吊臂，可以將沉重的水下基礎、塔筒立起來。

氣泡船
將水下基礎敲進海底時，會在水面下產生噪音，影響海洋生物。在施工時，氣泡船會透過環形軟管，施放氣泡幕包圍施工地點，阻隔水面下的噪音。

嘿咻，把這些大柱子立起來。

噗嚕——噗
嚕噗——嚕

我的手下們可以在因因呼現身之前，蓋好風之力吸收器，如果一切順利的話……

正當超能小隊以為一切順利的時候，距離港口不遠的地方，漁民們聚在一起討論，那些他們從沒見過的怪事……

「一開始是幾個怪人，然後是幾根怪柱子，這次是幾艘怪船。」皮膚黝黑的漁民害怕的說：「下次說不定就會出現怪物啊……」

已經三天捕不到魚的漁民說：「尤其是那艘四支腳的大怪船，整天對一支大柱子敲敲打打，發出匡噹匡噹的噪音，把魚都嚇跑了！」

聽說他們要在海上蓋一個巨大機器，捕捉傳說中的因因呼……

因因呼是這裡的守護獸，長久以來守護著這片海洋。

一位很老的漁民揮舞著拐杖說：「怎麼可以讓他們把牠抓走！」

「天曉得那巨大機器會不會激怒因因呼？」

「大家安靜！」漁民代表走到人群前面說：「我有個辦法⋯⋯」

拿風隊長坐在任務營地裡，吹著口哨，編著他的新提籃。就在拿風以為一切如他料想的一樣順利時，依舟慌忙的衝進來說。

糟糕了！隊長！好幾艘漁船包圍了我的手下，他們沒辦法工作了！

　　雨童從沒看過姐姐那麼慌張，也跟著衝進來說：「怎麼辦？一大群人包圍了營地！」

　　跟在雨童和依舟身後的，是漁民代表。

我是漁民的代表，我想和你們談談。

拿風隊長看到眼前的一切，皺著眉頭心想：「這些可不在我的計算之中啊！」

經過他的計算，依舟的手下們只要按照設計圖就可以順利蓋出風之力吸收器。

如果計算得沒錯，吸收器應該能夠承受住因因呼的強大力量。但是，他卻沒辦法計算「人心」啊！

達心看見拿風如此擔憂的表情，她知道自己出場的時候到了。達心的大耳朵能夠聽見別人的心聲，「達心，拜託你了。」她聽見拿風正在心裡跟她說。

達心，拜託你了。

隊長，你放心，這裡交給我。

我不能捕魚了！

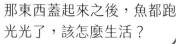

那東西蓋起來之後，魚都跑光光了，該怎麼生活？

我知道這會影響你們的生活和工作。請放心，我們有辦法。

施工的時候乒乒乓乓的很吵。

我就是討厭那台機器。

什麼方法呢？

我們會邀請漁民在施工期間加入工作行列。

我不喜歡有任何改變，漁獲量少了很多，要我怎麼活？

但是，我們大半輩子都在捕魚，真的能加入嗎？

太好了！

漁民代表將各種想法整理成簡要的訊息，傳達給達心。

放心，由你們來當戒護船和鯨豚觀察船，這樣一來就有穩定的收入了呀！

超能小隊建造吸收器時，使當地漁民的生活受到很大的影響；這時候，最重要的就是「溝通」。

理想

超能小隊要做的事是為了全人類好，有時崇高的理想可以說服對方跟自己站在一起，但不能要求對方為了你的理想，而放棄自己擁有的東西。

達心
耳朵大大的小精靈，變身成人時，隨身攜帶心聲收音機，和人溝通協調是她的超能力。

共存

設身處地為對方著想，讓對方能在影響之下持續生活，這就是「共存」。

同理

聆聽漁民的想法，想像自己如果是漁民，生活將會發生什麼變化？

「我們打造的吸收器，不會讓因因呼像煤炭、石油一樣消失不見！」拿風隊長的聲音裡，充滿了幾乎跟因因呼一樣強大的力量，「因因呼擁有無窮無盡的力量，轉換牠的力量，讓大家有用不完的電力！」

漁民們專心聽著拿風隊長說明他們的任務，好像把自己也當成是超能小隊的一份子。

你的氣象塔塔好厲害啊！

那當然，我姐更厲害呢！

我們這些小漁船沒辦法載大零件，但能幫忙通知別的船不要跑進海上的工地。

跟我一起喊：「工地危險，請勿進入！」

工地危險，請勿進入！

停擺了幾天，工程船四兄弟終於可以繼續建造風之力吸收器了。這時候吸收器的塔身已經高高架起，每個零件都用螺絲鎖得緊緊的，只差把葉片裝上去就完成了……

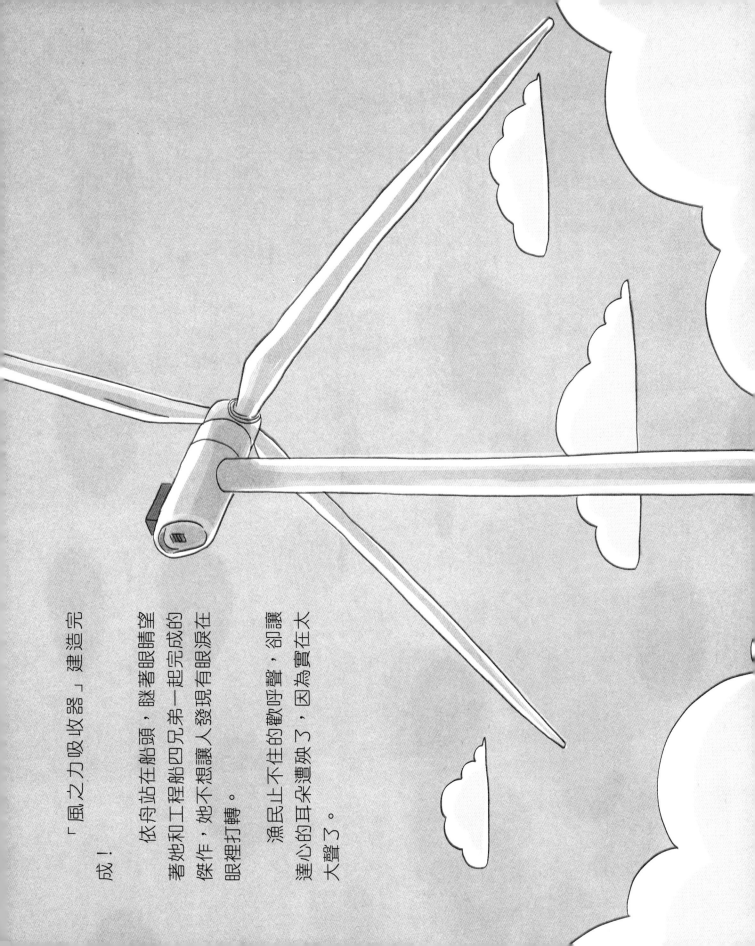

「風之力吸收器」建造完成！

依舟站在船頭，瞇著眼睛望著她和工程船四兄弟一起完成的傑作，她不想讓人發現有眼淚在眼裡打轉。

漁民止不住的歡呼聲，卻讓達心的耳朵遭殃了，因為實在太大聲了。

拿風隊長還皺著眉頭，仔細檢查手上的設計圖。深怕任何一個計算錯誤，使得吸收器承受不住因因呼的力量，發生可怕的事情。

然而，沒有人發現雷姐不見了……

警戒！因因呼接近了！

　　一大片黑壓壓的烏雲出現在海平面上，像是被一股巨大的力量追趕著，迅速布滿了整片天空。

　　在那片烏雲之中，隱隱約約看到了因因呼扭動的臉孔，牠的眼睛向下垂望著整片海洋與陸地。海上的吸收器就像一支細小的牙籤，港口裡的人們就像螞蟻，吹一下就會通通飛走。

風獸因因呼，現身！

因因呼不經意的朝著海面吹了一口氣，
對牠來說，只不過就是一次輕鬆的呼吸。

這口氣掀起了陣陣巨浪，晃得工程船與漁船東
倒西歪。

這口氣吹進港口裡，人們必須抓著身旁的東西，才不會
被強風吹走。

這口氣吹在風之力吸收器的葉片上，葉片開
始轉動。葉片越轉越快、越轉越快，強大的風之
力不斷湧入發電機，發出轟隆轟隆的聲音。

因因呼的風之力越來越強，吸收器的葉片越轉越快。

雨童緊緊抓著依舟的手，緊到快把依舟的手給捏斷了。依舟一邊發抖，一邊努力把嘴角彎出信心滿滿的微笑，拍拍雨童的頭說：「我把吸收器蓋得很堅固，別擔心！」

「放心，隊長的計算不會出錯的！」達心說。

拿風隊長撫著鬍鬚，一句話也沒說，但是達心聽見了他心裡的聲音。

「因因呼的力量太強大了……」拿風的心噗通噗通跳著，「帶來源源不絕的電雖然很好，但電力系統可能會承受不住……」

還沒等到拿風隊長下指令，雷姐就到了變電站，站在控制台前，捲起袖子，準備與因因呼展開最後的搏鬥。

她緊盯著台上的各種數據，深怕任何一個失誤，使得變電站的電力系統承受不住這股力量而爆炸。

風之力透過吸收器發電後，會經由海底電纜傳送到變電站。雷姐在變電站扮演關鍵的角色，除了維護電力品質，最重要的是避免「短路」。

正常

短路

想像你很用力推著沉重的箱子，箱子和地板的摩擦力很大；但是推到一半箱子突然變輕，這時摩擦力突然變小，而你來不及收起力氣，於是箱子瞬間被你推飛出去。

短路就是類似的狀況，電路中的電流瞬間變很大，大到電路上所有的電器都承受不住，因此燒毀甚至爆炸。

風機能發多少電？

　　功率 1000 瓦的電器連續使用一小時所消耗的電量為「1 度」，而一支風機每秒可發出 2 度電。因此，我們就能據此計算出，風機一秒鐘發出的電能讓電器運轉多久。

以功率 750 瓦的吹風機為例，計算公式如下：

1000（瓦）x2（度）=2000（瓦）
2000（瓦）÷750（瓦）=2.7（小時）

　　由此可知，風機一秒鐘所產生的 2 度電，能讓功率 750 瓦的吹風機，連續運轉約 2.7 小時。

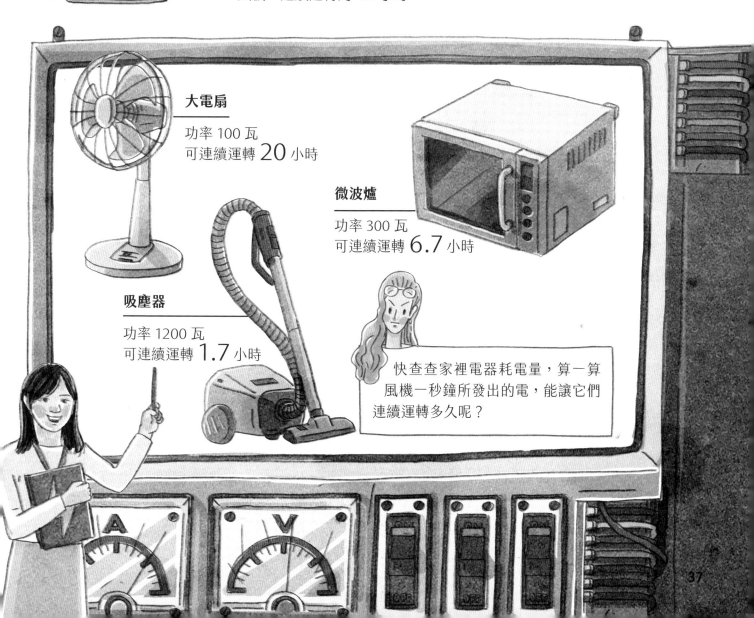

大電扇
功率 100 瓦
可連續運轉 20 小時

微波爐
功率 300 瓦
可連續運轉 6.7 小時

吸塵器
功率 1200 瓦
可連續運轉 1.7 小時

快查查家裡電器耗電量，算一算風機一秒鐘所發出的電，能讓它們連續運轉多久呢？

傍晚，電力系統終於達到平衡，因因呼吹出的風也不再那麼狂暴。牠不斷發出穩定而強勁的風之力，推著吸收器的葉片一圈一圈轉動，點亮了漁港裡的燈火。

拿風隊長輕鬆的坐在任務營地裡，翹著腿，編著他的新提籃。或許一切真的都在他的料想之中，所以一開始就找了雷姐加入超能小隊。

「雷姐姐！」雨童看見雷姐，立刻衝上去抱住她，「你成功了！」依舟也從另一邊抱住雷姐。

「各位，讓你們擔心了。」雷姐溫柔的說：「我擔心因因呼的力量可能使電力系統發生問題，所以先去變電站做好準備。」

直到今天，超能小隊的任務都還沒有結束，他們仍在漁港外的海上，建起一支又一支的風之力吸收器。如果你來到這裡，說不定還會看見他們的身影。

你會看到雨童的氣象塔塔站在海面上，不眠不休的觀察著因因呼的行蹤。

你會看到依舟的工程船手下們，正在把更多巨大的零件組裝起來。

你可能會看到陪在漁民身邊的達心，張著耳朵隨時傾聽漁民們的心聲。

雷姐就坐在變電站監控電力的大小事，但你不會希望看到她一個人努力工作時的模樣。

　　至於拿風隊長，他已經動身前往下一個地點，準備執行下一個超能任務。

　　他總能料想到所有事。

《全員出動！捕捉風獸因因呼》學習地圖

 風力發電機為什麼要蓋在海上？

離岸風機與陸域風機的優缺點比較：

離岸風機	陸域風機
勝！ 空間寬闊	空間狹小
工程難度高	**勝！** 工程難度低
建造成本高	**勝！** 建造成本低
勝！ 風力資源多	風力資源少
勝！ 發的電較多	發的電較少

　　看來離岸風機和陸域風機各有優缺點。總體來說，陸域風機的工程比較簡單，花費也比較少，但離岸風機能夠運用的風力資源比較豐富。尤其在空間方面，台灣地勢狹長且起伏較大；相較之下，海面上的空間開闊而平坦，風的流動不會受到地形的阻擋而減弱，長時間下來可以發出比較多的電。

離岸風機為什麼要蓋在西部沿海而不是東部？

西部沿海		東部沿海
勝！ 平均 50 公尺	水深	平均 1000-3000 公尺
勝！ 兩岸山脈形成「狹管效應」	地勢	與太平洋相鄰的平坦海面
勝！ 冬天時東北季風較強 夏天有西南季風	氣候	冬天時東北季風較弱 夏天有很多颱風

　　在地勢方面，台灣海峽兩岸的山脈像漏斗一樣把東北季風集中在西部海面上，這種「狹管效應」會使風速加快；風速越快，發出的電當然就越多。夏天颱風襲台時，東部沿海經常首當其衝，會使風機的損壞率增加。

離岸風機的建造團隊

看完身懷絕技的超能小隊克服種種困難，終於把巨大的風機在海上建起來，你是不是也想像他們一樣擁有超能力呢？其實，他們都是現實人物的化身，每個人的能力實際上是建設離岸風機時的重要步驟，每個步驟都環環相扣。

他們都是哪些人呢？以及他們都負責哪些工作呢？

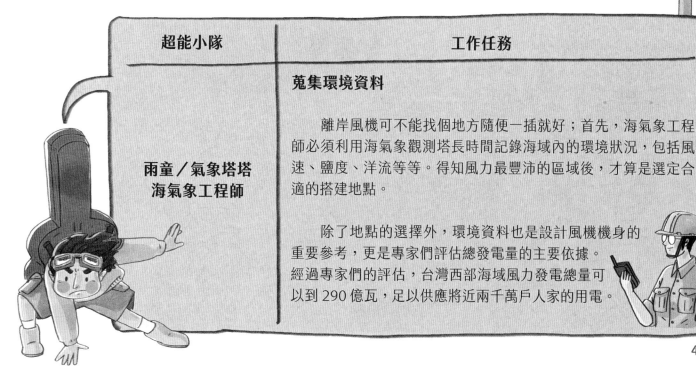

超能小隊	工作任務
雨童／氣象塔塔 **海氣象工程師**	**蒐集環境資料** 離岸風機可不能找個地方隨便一插就好；首先，海氣象工程師必須利用海氣象觀測塔長時間記錄海域內的環境狀況，包括風速、鹽度、洋流等等。得知風力最豐沛的區域後，才算是選定合適的搭建地點。 除了地點的選擇外，環境資料也是設計風機機身的重要參考，更是專家們評估總發電量的主要依據。經過專家們的評估，台灣西部海域風力發電總量可以到 290 億瓦，足以供應將近兩千萬戶人家的用電。

設計風機

　　風機的構造雖然看起來很簡單，但裡面其實充滿了學問呢！有了海氣象資料後，設計工程師首先必須妥善選擇機身的材料。機身的材料既要能夠抵抗海水鹽分的腐蝕，還要足夠堅固以抵抗強風、地震與洋流的應力，如此一來才能在海上屹立不搖超過二十年。

　　接下來，風機的尺寸、造型等等，工程師也必須依照環境資料來精心設計。譬如說，海面上越高的地方風速越快，因此風機的高度設計在 150 公尺左右，盡可能捕捉高處的強風。另外像是風向、迎風面與葉片角度等等，都必須仔細考慮進去。

**拿風／精算公事包
風機設計工程師**

指揮、調度工程船

　　有了風機設計圖，接著只要按照設計圖建造出來就行。但是，海上工程可比陸上工程難多了；不僅氣候不穩定，海水也會大大阻礙工程進行，一般的陸上工程機具也無法照搬到海上使用。於是，海上工程需要運用一些特殊的工程船隻；而負責指揮、調度這些工程船的人，就是「海事工程師」。

　　實際上，參與風機建造工程的船隻很多，指揮這些船隻分工合作可不是件容易的事。海事工程師不僅要妥善安排船隻出海的時間，還要面對各種突發狀況，例如海象不佳、進度延宕、工程機具損壞等等。

**依舟／工程船四兄弟
海事工程師**

與當地居民協商

　　在海面上進行那麼大的工程，想必會影響沿海漁民的生計和生活。

　　每年冬天，台灣西部沿海本是烏魚洄游產卵的地方，當地漁民也多靠捕撈烏魚維生。雖然在施工過程中，安排了氣泡船施放氣泡幕來減少噪音對魚群的干擾，但各種巨大的船隻、器械在海上來來往往，不可避免的還是會驚動烏魚群，迫使牠們另覓產卵的地方。

　　在地小組的工作，就是與當地漁民生活在一起，澈底了解他們的需求，並且協助他們調整生活方式。譬如從原本拖網的捕魚方法，轉變為海釣；或是將他們的漁船改裝成觀光釣船，載著遊客到海上享受釣魚之樂等等。漁民雖然失去了原本的生計來源，卻也因此獲得了更多支持生活的可能方式。

達心／聽心大耳朵
在地小組

防止短路、維護電力品質

　　電力系統發生短路時，瞬間產生的巨大電流會讓電力設備爆炸。因此電力工程師的首要任務便是謹慎規劃電路，並安設保險裝置，當短路發生時，盡可能避免強大的電流破壞設備。

　　電力工程師還有一項重要工作，即是維護電力品質。就像水源的品質有清澈和混濁的差別，風機發出的電也有品質好與壞的區分。譬如電壓突然上升或下降、頻率不穩等等，這些狀況會使電力品質變差。品質不好的電，會讓用電裝置的壽命減少甚至毀損。我們的生活中到處都是用電的機器，換句話說，電力工程師就像守衛一樣，阻止了品質不好的電流進入我們的生活中。

雷姐／馭電術
電力工程師

風力發電，正在我們生活中

木馬文化副總編輯　陳怡璇

《全員出動！捕捉風獸因因呼》是台灣第一本為孩子創作的風力發電科普圖文書，這項政府和民間正在努力推展的產業，肩負著為這塊土地尋求更環保的可再生能源，以及為了達到非核家園的理想。風力發電的順利推展，需要許多學有專精的人才投入，也需要考量到各個面向的挑戰，一個風場的運轉，是一個漫長、精密又不簡單的過程。

台灣海峽是不可多得的天然風場，每年造訪的東北季風不僅僅造就了新竹柿餅、炊粉、屏東的洋蔥等獨特的物產，如果能把這每年都能預測的穩定風力轉為電力，則是非常實際的電力挹注。隨著風場的漸進完工，矗立在台灣海峽上一支支高大的風機，已經成為台灣西岸無法忽視的新地景，每每看到這些或近或遠的龐然大物，總能聽到身邊的孩子問：這是什麼？有什麼功用、真的可以發電嗎？

因著這簡單的提問，也因為我們正站在台灣能源發展的世代交會中，小木馬編輯部著手編寫出版這本書，透過採訪所得到的第一手資訊，將風力發電的真實過程化為超能小隊施展絕技的故事，輔以精彩的插圖和解說，讓孩子從故事中認識能源、理解電力的得來不易。

理想和知識需要落實時，需要多少的工夫、需要擁有如何的心理素質，這是這本書想傳遞給孩子的。

從故事中理解 STEAM 核心精神

真實世界中，每個人都需要面對如何「解決問題」，在故事中，我們如實呈現了新事物所會面臨的問題，也看到了解決問題的方法，其中我們以 STEAM 的核心精神：每個人都是解決問題的 Maker，帶領讀者隨著故事的發展而發出「為什麼？」、「怎麼辦？」的提問，這正是科學素養的第一步！

發問
★ 有沒有更「乾淨」的能源？
★ 風力可以轉化成電力嗎？

觀察、思考
★ 台灣海峽有條件成為風力發電場嗎？
★ 要用什麼工具驗證？

假設、設計
★ 什麼樣的建設可以順利把風力「收起來」？
★ 風力轉化成電力需要的設備

行動、創造
★ 工程機具與船隊的整備
★ 團隊的整合與分工合作

評估與改良
★ 與在地居民的溝通是重要的一環，各方的意見都需要評估
★ 經過溝通後形成更有力量的團隊

故事中我們可以看到融入故事中的知識：發電機的電磁感應原理（Science 科學）、海象觀測技術（Technology 技術）、建造巨大風機的海事工程（Engineering 工程）、溝通的方法（Art 藝術人文）、發電量的計算（Mathematics 數學），讀者一邊閱讀故事就能吸收故事裡豐沛的知識能量。

跨領域閱讀培養跨領域人才

　　看完故事，也許孩子會有一些認知：我需要學習氣象，才能設計很棒的氣象塔；我需要了解海象、才能正確調度船隻；我需要了解電學，才能精準的計算……。沒錯，這正是超能小隊隊員們各個身懷絕技的專業領域，但是在努力一件事情的過程中，從來都不會是只跟自己的專業對話，理解人們的想法、整合所有人的想法，一直是最重要的事。透過這本書，也許能開展親子間的對話，一起談談對能源的想法，聊聊故事中的各面向，讓跨領域思考成為一種新的習慣。

想知道更多

更多關於風力發電的事

風力發電誰厲害？

再生能源知多少

和孩子討論這些名詞

東北季風

　　秋冬時，寒冷而乾燥的空氣從亞洲大陸吹出，因地球自轉的緣故，風往南方流動時，會緩緩的順時鐘旋轉；當冷空氣吹到台灣附近時，風向則轉為東北風，因而稱為「東北季風」。

可再生能源

　　即來自大自然的能源，例如：風能、太陽能、水能、潮汐能、地熱能等，相較於會用完的能源（如煤炭、石油等），可再生能源的來源取之不盡、用之不竭。

帶著孩子，加入超能小隊的行列吧！

國立自然科學博物館館長　焦傳金

能量不會消失，能量只會在不同形式之間進行轉換。離岸風機就像是一個大風車，將風的能量轉換成我們每天需要的電能。在台灣西部沿海，離岸風機已成為自然景觀的一部分，它的出現代表著綠色能源的新契機，但它的原理是什麼？要將一個高大的風車架設在沿岸的海洋中，這可不是一件簡單的事，工程師是如何做到的？

這本圖文書不但是一本學習風力發電原理的好書，更是一個真實有溫度的繪本，藉由講述風睿能源（原上緯新能源）在竹南龍鳳漁港外海建立台灣首座離岸風力發電場的故事，利用淺顯易懂的文字與插畫，這本書可以讓小學生以輕鬆方式學習能源知識。

能源議題是多面向的，它剛好是跨領域學習的最佳主題，這本圖文書以生動的構圖與趣味的文字，將離岸風機的架設過程忠實呈現，它是科學教育的最佳典範。

一本有趣又重要的科普圖文書

台灣師範大學電機工程學系副教授　賴以威

看到這本《全員出動！捕捉風獸因因呼》書稿時，馬上就被封面獨特的畫面所吸引，風力發電是一個很有趣的主題，也是台灣近年來發展的方向，由台灣在地的編輯團隊出版再適合不過了！隨著故事與圖畫的完美結合演繹，編輯團隊成功的將與我們生活息息相關的建設與能源議題，化為好看又好讀的一本書，相信每個孩子都能在其中享受閱讀的樂趣。

把艱澀的題材用生活化的語言傳達給孩子，是我一直在努力的方向，很高興由怡璇所帶領的編輯團隊，出版了一本帶有同樣理念的童書，這個故事不僅充滿創意奇想、也不著痕跡的將電學知識帶到孩子面前，插畫家所勾勒的畫面兼具理性與感性，是一本適合中高年級孩子閱讀的科普圖文書，也是適合帶著低幼的孩子親子共讀的文本。

身為科普閱讀推廣一分子的我，相信孩子都能在這本書獲得純粹的閱讀樂趣、習得相關的知識，看完後，或許就可以規劃一場沿著西海岸的旅行，看看聳立在海邊的白色風車吧。

小學生跨領域閱讀知識＋01

全員出動！捕捉風獸因因呼

看身懷絕技的團隊
建造台灣第一座離岸風場

作者 / 顏樞

　　花蓮人，現就讀於國立清華大學中文系博士班。在那個對聖誕老人存在還深信不疑的九歲，和爸爸、媽媽、姐姐出版人生第一本書《聖誕老人與虎姑婆》，解鎖了用注音寫書的成就。長大後，在寫作中找到了聖誕老人，兩度獲全國學生文學獎，並有多篇散文刊於自由、聯合報副刊。

　　期待自己未來成為一個右手研究古典文學，左手寫童書的知性聖誕老公公。著有《SOS！石油怪獸甦醒了》，更多獻給孩子的書，還在趕路著。

繪者 / Croter

　　Croter，本名洪添賢。設計師與插畫工作者，2004 年開始投入獨立創作與設計，擅長使用多種插畫風格與設計結合，目前居住在高雄，每天仍持續不斷的在現實量尺與創作理想中持續用畫筆奮鬥著。

社　　長　陳蕙慧
副總編輯　陳怡璇
特約主編　鄭倖伃、胡儀芬
責任編輯　鄭倖伃
美術設計　Croter
審　　定　台灣大學能源研究中心主任／工程科學及海洋工程學系特聘教授 江茂雄博士
行銷企劃　陳雅雯、尹子麟、余一霞
製作協力　風睿能源股份有限公司（Synera Renewable Energy），特別感謝提供專業諮詢、協助採訪

讀書共和國集團社長　郭重興
發　行　人　曾大福

出　　版　木馬文化事業股份有限公司
發　　行　遠足文化事業股份有限公司(讀書共和國出版集團)
地　　址　231 新北市新店區民權路 108-4 號 8 樓
電　　話　02-2218-1417
傳　　真　02-8667-1065
Email　service@bookrep.com.tw
郵撥帳號　19588272 木馬文化事業股份有限公司
客服專線　0800-2210-29

印　　刷　呈靖印刷股份有限公司
2021（民 110）年 9 月初版一刷／2024（民 113）年 7 月初版四刷
定　　價　450 元
ISBN　978-626-314-041-7